PAUL EUDEL

La Cascade du Plat-à-Barbe

(Souvenir d'Auvergne)

1895

LA BOURBOULE — IMPRIMERIE GAULOISE

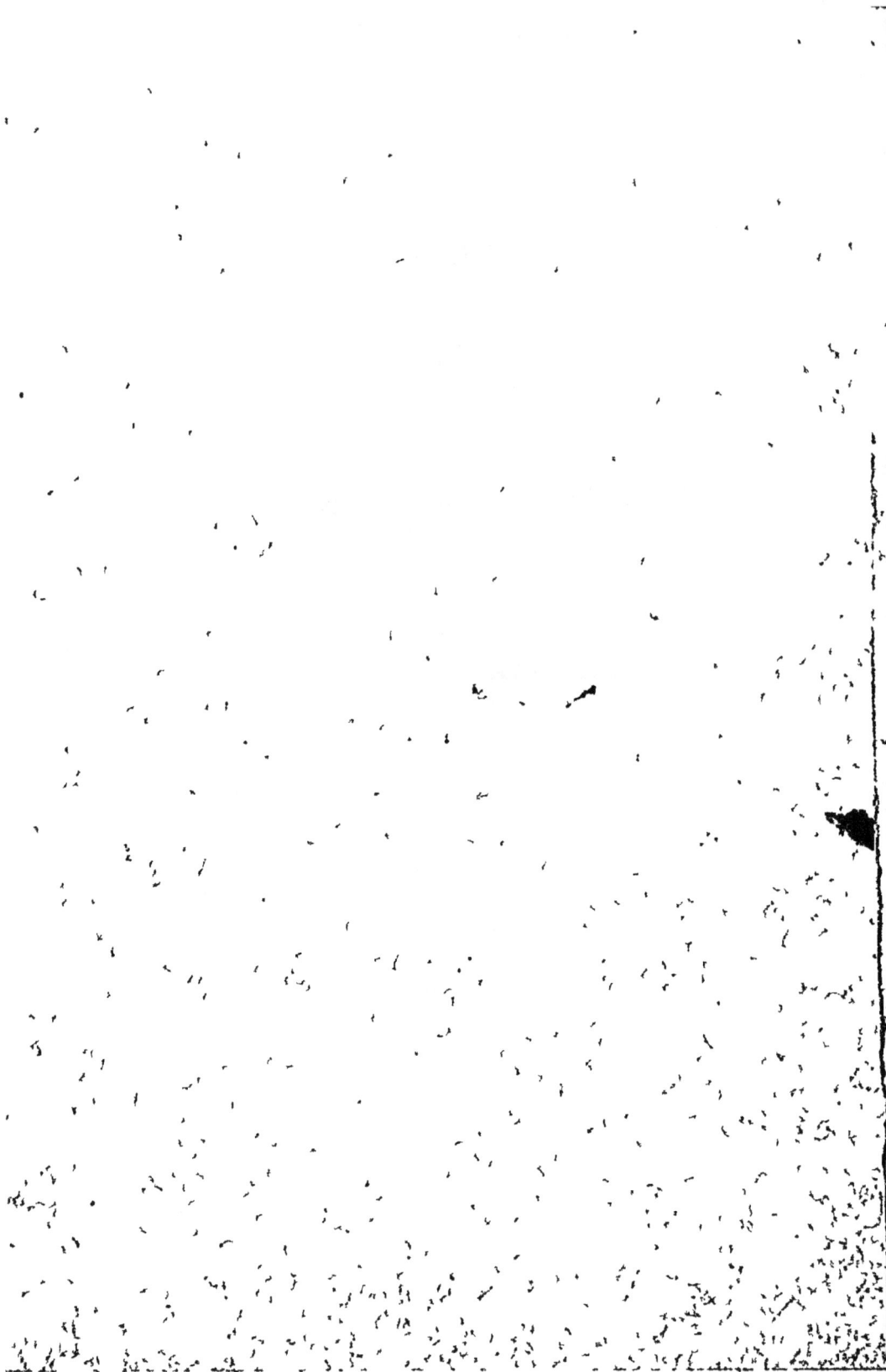

LA CASCADE DU PLAT-A-BARBE

PAUL EUDEL

La Cascade du Plat-à-Barbe

(Souvenir d'Auvergne)

1895

LA BOURBOULE — IMPRIMERIE GAULOISE

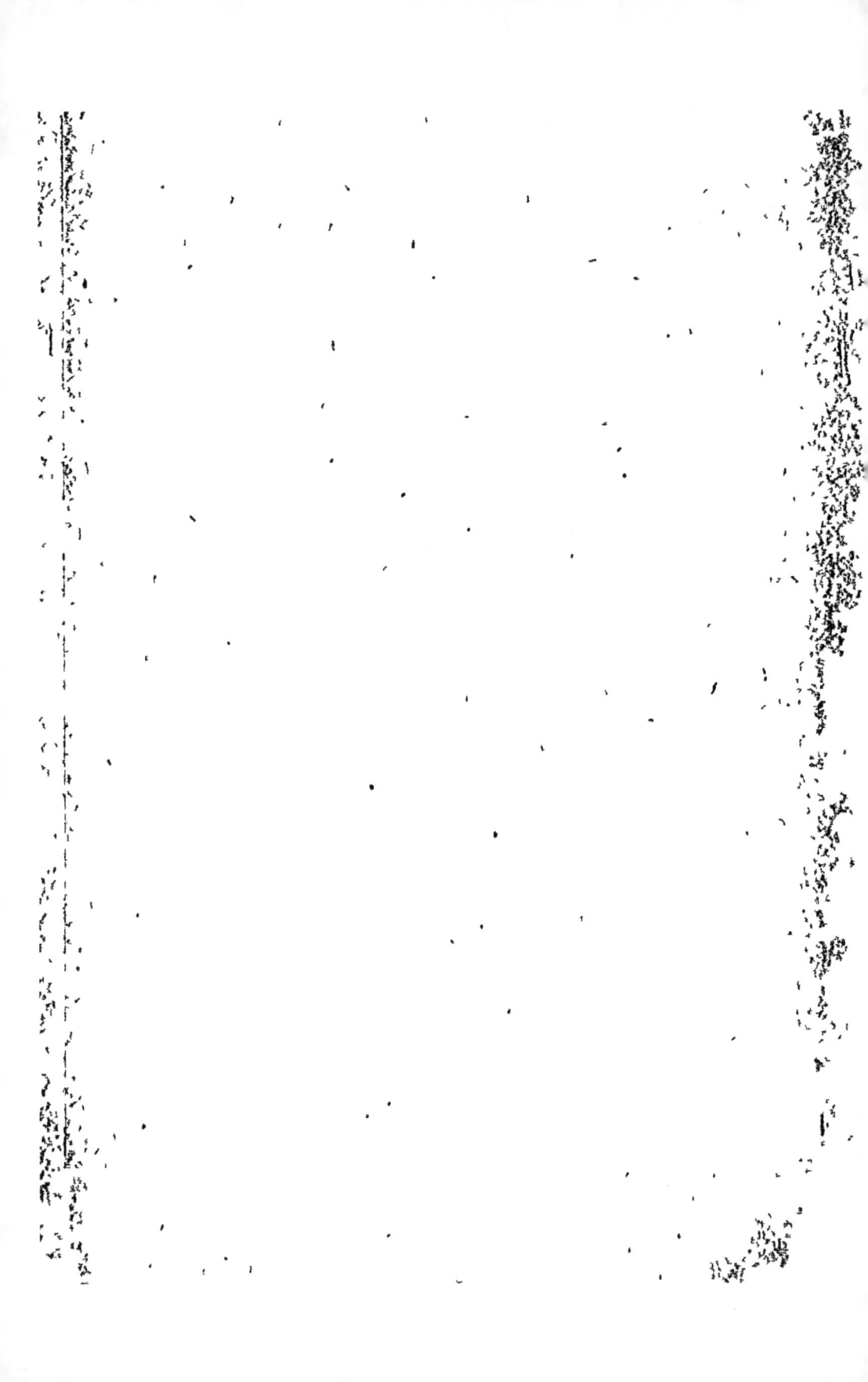

LA
CASCADE DU PLAT-A-BARBE

J'étais devant la buvette regardant les Naïades de l'Etablissement jouer le rôle des Danaïdes de la fable. Les pauvres filles, du matin au soir, elles cherchent vainement à vider le réservoir! Malgré les coupes qu'elle présentent sans cesse sous les tonnelets, au grand bonheur des deux amours joufflues qui les supportent, l'eau coule toujours comme d'une bouteille inépuisable.

— Un Choussy-Perrière, un! bien tiré! fis-je à haute voix.

La Galathée de la vasque me tend avec un sourire, en montrant ses dents blanches, un verre gravé de fleurs, gradué et plein jusqu'aux bords.

J'avale d'un trait le breuvage chaud qui me rappelle toujours le bouillon de veau un peu salé, et je dépose le gobelet sur la large et blanche tablette du comptoir octogonal.

Je vais en excursion. Il est bon de se désaltérer avant la soif et de prendre des forces avant la fatigue. Il faut savoir se préparer pour la marche; aussi j'ai, vu la

la circonstance, revêtu le costume de ri-
gueur, le béret basque, le veston large,
la culotte bouffante, les bas de laine, les
gros souliers et je tiens à la main le bâton
de voyage.

Je sors de l'Etablissement et je déam-
bule d'abord sous les arcades rivoliennes
des baraquements voisins où l'on
vend des parapluies, des eustaches, des
épiceries parisiennes, des dentelles d'Auvergne et des bijoux « presque en or ».
Je passe devant l'Église romane avec ses
tours demi-circulaires, aux fenêtres à
plein-cintre et je dépasse le jardin des
plantes Deux septuagénaires assis sur
des bancs, au milieu d'un massif de sor-
biers rouges, lisent leur journal avec une
sage lenteur, tandis que plus loin se pré-
lasse la troupe bête des oies. qui paraissent
si fières qu'elles se figurent probablement
remplacer les promeneurs absents.

Après avoir franchi le pont de bois jeté
sur la Dordogne, je suis le quai Feron un
quartier qui forme l'un des faubourgs de
la Bourboule. Quelques-hotels cependant
bordent cette rive gauche de la Dordogne.
On y retrouve comme partout, proprié-
taires de villas meublées les descendants
de ces Mabru et de ces Ferreyrolles qui
vinrent pour coloniser jadis le pays aux

temps préhistorisques des trois baignoires dont on ne changeait pas l'eau toutes les fois qu'elles servaient.

Aux fenêtres des petites maisons basses de ce coin de la banlieue bourboulienne se reposent des matelas qui prennent le frais et des draps qui sèchent. Très hygiènique cette précaution des ménagères auvergnates. Au Mont-Dore ce sont des gilets et des pantalons, flanelles qui sèchent. Rien de plus triste. On dirait des drapeaux de poitrinaires pavoisant les maisons.

Sur l'avenue des Cascades deux promeneurs qui causent en faisant les cent pas, parmi des poules qui picorent: puis, gisant sur le sol, des poutres destinées à la construction et que des charpentiers travaillent et ajustent à l'herminette.

Plus loin, au repos et dételé l'antique omnibus avec impériale et sans plate-forme Ce sont des voitures parisiennes vieux format, en réforme, mais pas encore admises a faire valoir leurs droits à la retraite. Au lieu de *Bastille-Madeleine* on lit sur la longue tablette: *Bourboule-Laqueuille correspondance spéciale du chemin de fer.* Pas très cher de location cette remise en plein air, me dis-je en m'éloignant.

Maintenant la Dordogne roule dans un

lit étroit au milieu des terrains vagues qui servent de chantier aux délivres du pays. Parfois elle se divise en ramifications comme les branches d'un arbre; c'est un vrai delta en miniature.

A ma gauche se dresse un écriteau qui sollicite mes regards et sur lequel se lit en gros caractères

Source-Clémence
Entrée libre

je continue mon chemin.

Passe devant moi un bicycliste mélancolique; Quel plaisir de pédaler ainsi ! Aller très vite, ne dépendre ni des chevaux ni de la locomotive ! comme mouvement c'est celui du rouet antique avec lequel on filait du lin — maintenant c'est de la route.

Au loin des ânes se répondent hi... han!.. hi !... han ! C'est leur manière à eux de dire allo ! allo ! seulement l'appel téléphonique se répète avec monotonie et sans développement.

Me voici devant l'entrée du parc Clémence, un vaste terrain encadré de fil de fer tordu et parsemé de piquants avec une avenue plantée, d'un côté, de sapins, de l'autre de hêtres, tous en bas âge.

Au pied d'une colline. sur un fond de verdure, se détache un chalet rustique re-

vêtue d'une large toiture qui l'enveloppe
comme un capuchon. C'est la buvette de
la nouvelle source froide, un filon d'argent dans cette mine d'or de la Bourboule.
Afin que nul ne l'ignore, sur un écriteau
noir se lit en lettres blanches, hautes
d'un demi pied, le nom de la Source qu'il
ne faut pas confondre avec les autres qui
sont à coté et pour lesquelles on cons-
truit d'autres kiosques.

Quelle vaste nappe d'eau git sous les
montagnes de ce pays! Je suis persuadé
que l'on trouverait des sources minérales
presque partout si on perforait de La
Bourboule au Mont-Dore le sol à une cer-
taine profondeur.

Je sors, par une petite porte ménagée
dans la clôture et je me retrouve près de
la Dordogne, un grand-fleuve qui n'est ici
qu'un maigre ruisselet, gazouille en
courant sur les cailloux et se divise en
ramifications qu'il faut enjamber à chaque instant sur des pierres branlantes.

A gauche, comme panorama : la pointe
un peu chauve de la banne d'Ordanche et
le massif imposant du Puy-Gros où se
recueillent la digitale et l'arnica. Sur les
pentes, une mosaïque de prés verts et de
champs dorés. Au bas, la route poudreuse
du Mont-Dore avec les petites fumées

b'anches que soulèvent, sur leur passage
les landaus et les voitues publiques.

Jadis les promeneurs prenaient, à droite,
à travers champs, un trajet qui semblait
plus court et plus agréable. L'odeur des
foins attirait de ce côté, il est aussi plus
agréable de fouler un tapis de mousse
que de cheminer à travers les roches qui
roulent sous les pieds, en écorchant vos
chaussures. Mais, au milieu de la prairie,
se dressait un auvergnat farouche jus-
que là couché dans les herbes comme un
bœuf au pâturage.

— Vous marchez sur mon champs, il
faut me payer les dégâts.

Les uns s'exécutaient, les autres pro-
testaient.

Un jour un de mes amis répondit au
cerbère impitoyable.

— Alors c'est un péage ?
— Mais oui.
— Pour tout le monde ?
— Certainement.
— Eh bien, mon ami, votre nom ?
— Pourquoi ?
— Parce que vous devez payer patente,
je vous signalerai aux Contributions.

Tête du paysan. Je crois bien que l'auvergnat eut peur, que ce jour là il n'in-

sista pas et que le touriste passa pour
rien.

Aujourd'hui ces difficultés qui aigris-
saient les baigneurs n'existent plus. Pour
leur éviter des ennuis, le Comité des fêtes,
toujours en quête d'améliorations, à fait
construire un pont de bois bien simple :
une planche et une rampe.

On peut ainsi opter entre les deux pas-
sages. Le premier gratis. Le second coû-
tant dix centimes.

Comme je veux me soustraire au péage
de la propriété privée, c'est sur le pont
rustique que je m'engage, et, sans faire des
miracles d'équilibre sur la passerelle je
me trouve sur l'autre rive.

Bientôt j'aborde un chemin creux, parsemé de pierres concassées par le choc
des eaux. Comme l'a dit spirituellement
Théophile Gauthier, impossible maintenant de lever un pied avant d'avoir posé
l'autre. Il faut, ou passer dans l'eau, ou
sauter en équilibriste de roche en roche.
On a le choix, je préfère ce dernier mode.

Au bas de la gorge où se trouve la cascade,
je m'assure de la route auprès d'un pas-
sant avant de grimper la côte. Le chemin
est dur pour les bipèdes, mais les vaches
le grimpent gravement en tintinabulant.
Il faut se hisser sans relâche. Je monte

d'abord alerte et sans fatigue jusqu'à l'é-
criteau *Cascade du Plat-à-Barbe, 1,000.
mètres.*

Deux cent-cinquante mètres de plus que
l'altitude de la Bourboule ! J'ai encore
quelque peu à gravir. Je m'arrête pour
souffler *sub tegmine fagi,* tandis que de
petits oiseaux qui chantent semblent me
souhaiter la bienvenue. Ma vue s'arrête
sur la colline couverte d'une ténébreuse
toison de sapins. Sur les tâches claires
d'une prairie, je vois l'heureux petit pâtre
de Mireille qui fait paitre de malheureux
moutons et va reprendre son sommmeil.

Mais il faut repartir. Le chemin bifur-
que. A droite celui qui conduit à la cascade de la Vernière, suivant un poteau
indicateur. J'incline à gauche.

Mon ascension continue. Hissons-nous
encore. La route n'est pas large. A vrai
dire, il n'y en a pas. Il faut suivre un
chemin creux qui, l'hiver, n'est qu'un
torrent. Les arbres noueux qui se dressent
en haut sur la berge, étendent en bas
leurs racines comme Briaré ses cent bras.
Maintenant au milieu des cailloux, c'est
une perpétuelle danse des œufs avec mon
bâton de voyage comme balancier.

Le bout de cette route est cependant
pavé, ce qui m'intrigue fort. Sont-ce les

restes d'une voie romaine? Les archéolo-
gues du pays doivent savoir à quoi s'en
tenir. Déchaussé par les pluies, le pavage
a néanmoins défié les siècles.

Impossible de continuer à marcher dans
ce lit de torrent désseche; je crains une
culbute à chaque pas, aussi je monte sur
le talus et je suis un étroit sentier sous les
hêtres. Me souvenant des conseils qui me
furent donnés jadis, lorsque je gravissais
l'escalier de la tour Eiffel, je marche en
me balançant pour me donner un certain
élan.

La côte devient raide, mais je ne veux
plus m'arrêter dans la crainte d'un refroi-
dissement, et je passe rapidement devant
une plaque bleue qui porte en caractères
blancs :

Club Alpin
Section d'Auvergne
Altitude : 981 mètres
Cascade du Plat-à-barbe, 0 k 500
Hauteur de la chute, 17m60

Bientôt, je cesse de gravir la côte pour
marcher sur la bruyère, à travers un
bouquet de pins dépouillés presque jusqu'à
la cime et dont les troncs, droits comme des
I, semblent des cierges gigantesques so
dressant vers le ciel.

Encore un peu de courage, cent mètres

à franchir en terrain plat. Quelques en-
jambées et me voilà au chalet de la cascade au moment où la quitte une analca-
cade joyeuse. O surprise! les temps sont
bien changés! Ce n'est plus la cabane
couverte de chaume, que j'ai connue jadis
avec son banc de bois, sa table massive et
sa suspente pour dormir. Ce buron à porte
basse est abandonné à quelques mètres
plus loin.

Le nouveau chalet est posé solidement
sur un large plateau, comme ceux de
l'Oberland, il est coiffé d'une toiture en
ardoises. Sur la terrasse, des tables pour
se rafraîchir, et même, ô surprise, un mar-
chand de plaisirs avec le traditionnel tam-
bour à tourniquet; il fume sa cigarette en
attendant la clientèle.

Je m'approche d'un feu joyeux fait en
plein air; j'en profite pour me sécher un
peu. Afin de faciliter ma descente à la cascade, je laisse mon pardessus entre les
mains du gardien, un Auvergnat à la face
plate et tannée, à la blouse bleue et au
feutre noir. Il m'offre, en échange, une
canne pour assurer ma marche. Je refuse
car j'ai un alpenstock. Je lui commande
un grog bien chaud pour réagir, à mon
retour, contre l'humidité du trou dans
lequel je vais plonger.

Brusquement, le sentier s'enfonce presque à pic. Il semble se précipiter au fond du ravin. Il faudrait des pieds fourchus, pour descendre avec sécurité. Les chèvres qui broutent là-bas nous sont de beaucoup supérieures. Pour adoucir la pente, on a tracé de nombreux lacets.

J'arrive à un tournant bien raide avec une balustrade en bois pour empêcher, en cas de vertige, de rouler dans la gueule béante du précipice.

Déjà se fait entendre le bruit de la Cascade. Encore quelques pas et je pourrai la voir ! Je saisis la mauvaise perche très vascillante qui sert de rampe à ce passage difficile et je descends avec prudence les degrés creusés dans le roc. Cela me rappelle un peu le *Mauvais_pas* que je dus franchir autrefois, à la *Mer de glace* de Chamonix.

Bientôt je me trouve sur une plate forme en planches accrochée aux flancs du rocher. *Denique tandem*: J'y suis ! voici la Cascade et voilà le Plat-à-Barbe ! Le Cliergue arrive à grande vitesse, tombe à pic, frappe obliquement le rocher, rugit et blanchit sous le choc, décrit ensuite une courbe gracieuse, va s'écraser en mousse de savon dans un vaste réservoir, reprend sa course dans le ravin et disparait enfin vers la Vernière en cascatelles bondissantes.

Telle est cette belle cascade ! Pour compléter l'illusion et justifier son nom du Plat-à-Barbe, gît aujourd'hui sur le rebord de la cuvette un arbre déraciné et chevelu qui semble le pinceau que le *Figaro* de céans a oublié par mégarde.

Je ne me lasse pas de regarder cette superbe gerbe blanche qui se détache en S sur la parroi sombre du massif de basalte. A force de lécher cette surface, l'eau a fini par la faire briller comme du marbre poli.

Depuis combien :

Les sècles ont creusé dans la roche vieille
Des cieux ou sont dormu des gouttes de pluie.

Nul ne le sait, car l'éternel robinet coule toute l'année pour donner sa chanson pittoresque dans le grand concert de la nature,

Je suis comme suspendu dans une nacelle. Au-dessus de moi un gros rocher me surplombe de son encorbellement. Autour un paysage d'une majesté sauvage. Le gouffre est sombre. Le soleil filtre à peine à travers les arbres, et de tous les cotés, pendent des chevelures et des lustres de frondaisons. C'est comme le vestibule de l'enfer du Dante.

Sur la balustrade qui court autour de la loggia, les passants ont gravé leurs noms au couteau. A quelques-uns, l'émotion a fait buriner des exclamations enthousiastes. Les amoureux ont mis des inscriptions enflammées. Ce n'est point cependant l'endroit de faire cascader la vertu.

Captivé, comme tous, par ce grand ruban blanc qui se déroule sans cesse, par ce bâton de guimauve que tord une main invisible, par ce flot d'argent en fusion qui se précipite d'un creuset invisible, je m'absorbe dans une contemplation muette. Il me serait impossible de parler à un voisin, même à voix basse.

Plus je regarde, plus je me sens hypnotisé. Tout d'un coup, la cascade vit pour moi. Elle a une âme. C'est la roche qui pleure et ses larmes vont s'amasser dans un vaste lacrymatoire. Bientôt je crois voir quelque fée ondine agitant comme un fantôme, sa toge de lin longue et flottante. Ne serait-ce pas dans cette solitude que la blonde Ophélie est morte en cueillant des fleurs? N'est-ce pas sa robe blanche qui, comme un linceul, pend le long du rocher accrochée dans sa chute, tandis que le ruisseau l'entraînait? Je rêve à coup sûr, mais je trouve la vision char-

mante, je la prolonge et je crains de m'é-
veiller.

Tout d'un coup, j'entends une voix
derrière moi :

— Monsieur, Monsieur, je vous apporte
un parapluie. Rentrez-vite. La pluie com-
mence. L'orage gronde.

C'est le gardien de là-haut qui vient me
prévenir. Inutile de me rappeler deux fois
à la réalité. Je quitte mon observatoire j'esca-
lade la montagne, mais des lampées de
feu passent dans les branches, déjà le ciel
a entr'ouvert ses cataractes. L'eau tombe
à torrents. Les arbres se transforment en
arrosoirs. Sur la terre qui se détrempe
les pentes deviennent glissantes et dange-
reuses. C'est trempé comme une soupe
auvergnate, que j'arrive au sommet du
gouffre.

Vite je prends un cordial pour me ré-
chauffer, je commande une collation fru-
gale qui se compose d'une large tranche
de pain noir. Vainement, pour me distrai-
re, je cherche à causer avec le cabaretier.
Il a subi l'effet de la vie alpestre : la solitude l'a rendu silencieux. Il faut lui
arracher la conversation par lambeaux.

Il me dit cependant qu'il s'appelle Cel-
lerier et que, fermier de la famille Coha-
don-Tardif, il est chargé de percevoir pour

elle les droits de passage des piétons et
des cavaliers sur le terrain de la cascade
du Plat-à-Barbe qui est une propriété
privée.

Au bout d'une heure le soleil apparaît
plus brillant et plus pur, ses flèches d'or
traversent de nouveau le feuillage, tandis
qu'un large arc-en-ciel profile sur le
firmament son panache multicolore. Il est
temps de se remettre en route et je rega-
gne La Bourboule par le chemin déjà par-
couru.

Voici la passerelle difficile, la large ra-
vine où chante la Dordogne, l'avenue des
Cascades, le pont de bois, les tuiles roses
de l'Etablissement des bains, les domes
byzantins du Casino et les deux tourelles
du castel moyen-âge, que j'habite. Mon
excursion s'achève, ce n'est plus qu'un
souvenir. C'est dommage. Les charmes
d'un beau site devraient suffire à guérir
la bronchite. Hélas! trois fois hélas! Il
faudra demain reprendre le traitement
thermal.

Paul Eudel.

LA BOURBOULE
IMP. GAULOISE

321

www.ingramcontent.com/pod-product-compliance
Lightning Source LLC
Chambersburg PA
CBHW050433210326
41520CB00019B/5911